JN319942

PIERRE-JOSEPH REDOUTÉ
CHOIX DES PLUS BELLES FLEURS

CHOIX DES PLUS BELLES FLEURS
PIERRE-JOSEPH REDOUTÉ

美花選
ピエール=ジョゼフ・ルドゥーテ

河出書房新社

本書は、ピエール゠ジョゼフ・ルドゥーテ（Pierre-Joseph Redouté）によって描かれた『美花選（*Choix des Plus Belles Fleurs*）』（1827-1833年）の全図版144点を収録したものである。原本は、コノサーズ・コレクション東京／（株）オクノブ・インターナショナル東京所蔵のものを使用した。

＊図版は原寸大で収録した。
＊本書図版キャプションは、上から順に、図版番号、原本の図版内に書かれた植物名や当時の学名等（複数ある場合は図版の位置の順に記した。スペルの誤りと思われる箇所もあるがすべてママとした）、新たに適切と考えられる現在の学名／和名／科名を記した。なお、一部の和名の後ろには［ ］にて括り、別名、慣用名を付した。

CHOIX

DES

PLUS BELLES FLEURS

ET DES PLUS BEAUX FRUITS

PAR

P. J. REDOUTÉ

CHEVALIER DE LA LÉGION D'HONNEUR, PEINTRE ET PROFESSEUR D'ICONOGRAPHIE AU MUSÉE D'HISTOIRE NATURELLE,
DESSINATEUR EN TITRE DE LA CLASSE DE PHYSIQUE ET MATHÉMATIQUES DE L'INSTITUT,
MEMBRE DE LA SOCIÉTÉ PHILOTECHNIQUE ET DES ENFANS D'APOLLON, DE CELLE D'AGRICULTURE DU DÉPARTEMENT DE SEINE-ET-OISE,
MEMBRE CORRESPONDANT DE LA SOCIÉTÉ ROYALE D'AGRICULTURE ET DE BOTANIQUE DE LA VILLE DE GAND,
ASSOCIÉ HONORAIRE DE LA SOCIÉTÉ DE GENÈVE,
MEMBRE CORRESPONDANT DE CELLE DITE HORTICULTURALE DE LONDRES, ETC.

PARIS
ERNEST PANCKOUCKE, ÉDITEUR,
RUE DES POITEVINS, N° 14.

Œillet Variété
Dianthus caryophyllus ／カーネーション／ナデシコ科

Fritillaire Impériale Var. jaune

P. J. Redouté — 2. Victor

2

Fritillaire Impériale Var. jaune
Fritillaria imperialis var. **lutea** ／ヨウラクユリ（変種ルテア）／ユリ科

Groseiller rouge. *Ribes rubrum*.

P. J. Redouté. — 3. Langlois.

— 3 —

Groseiller rouge / Ribes rubrum
Ribes rubrum ／フサスグリ／スグリ科

Pivoine / Pæonia officinalis
***Paeonia officinalis* 'Alba Plena'** ／オランダシャクヤク（栽培品種'アルバ・プレナ'）／ボタン科

Narcisses à plusieurs fleurs Var. / Narcissus tazetta Var.
Narcissus tazetta subsp. *italicus* ／フサザキスイセン／ヒガンバナ科

Gloxinie Var. / *Gloxinis* Var.
Streptocarpus rexii／ストレプトカルプス・レクシイ／イワタバコ科

Amaryllis / Lis St. Jacques
Sprekelia formosissima ／ツバメスイセン／ヒガンバナ科

Narcisses à plusieurs fleurs / *Narcissus tazetta*
Narcissus tazetta subsp. *aureus* ／キバナスイセン／ヒガンバナ科

Camelia panaché / *Camelia japonica*
Camellia japonica ／ツバキ（八重咲系栽培品種）／ツバキ科

Tulipe cultivée (Variété) / Tulipa culta (Var.)
Tulipa gesneriana ／チューリップ／ユリ科

Jacinthe d'Orient Variété bleue
Hyacinthus orientalis／ヒヤシンス／キジカクシ科（ユリ科）

Muflier à grandes fleurs / Antirrhinum
Antirrhinum majus ／キンギョソウ／オオバコ科（ゴマノハグサ科）

Pavot. *Papaver.*

P. J. Redouté. — 13. Langlois.

— 13 —

Pavot / Papaver
Papaver somniferum ／ケシ／ケシ科

Dentelaire bleu de ciel / Plumbago cærulea
Plumbago auriculata／ルリマツリ／イソマツ科

Le Lys blanc / Lilium candidum
Lilium candidum ／ニワシロユリ／ユリ科

Amaryllis brésilienne / Amaryllis bresiliensis
Hippeastrum reginae ／ジャガタラスイセン／ヒガンバナ科

Dalhia double

—17—

Dalhia double
Dahlia ×pinnata／ダリア／キク科

Phalangium / *Lis St. Bruno*
Paradisea liliastrum ／パラダイスリリー／キジカクシ科 (ユリ科)

Iris Xiphium.

P. J. Redouté. _ 19.

Iris Xiphium.

Langlois

— 19 —

Iris Xiphium / Iris Xiphium
Iris latifolia ／イングリッシュ・アイリス／アヤメ科

Datura à fruit lisse. / Datura Lævis.

P. J. Redouté. — 20.   Victor.

Datura à fruit lisse / Datura Lævis
Datura metel ／チョウセンアサガオ／ナス科

Anémone étoilée / Anemone stellata
Anemone hortensis ／アネモネ・ホルテンシス／キンポウゲ科

Pivoine odorante / Pæonia flagrans
Paeonia suffruticosa ／ボタン／ボタン科

Cerisier Royal / Cerasus domestica
Prunus cerasus (Cerasus domestica) ／スミノミザクラ／バラ科

24

Fleurs de Pommier / Flores Mali
Malus domestica ／リンゴ／バラ科

25

Bouquet de Pensées
Viola tricolor ／パンジー／スミレ科

— 26 —

Alstrœmeria Pelegrina
Alstroemeria pelegrina ／アルストロメリア・ペレグリナ／ユリズイセン科（ユリ科）

Fuchsia écarlate / Fuchsia coccinea
Fuchsia magellanica ／フクシア・マジェラニカ／アカバナ科

Pêcher à fruits lisses
Prunus persica (Amygdalus persica) ／モモ（ネクタリン系統の栽培品種）／バラ科

Pois de senteur / Lathyrus odoratus
Lathyrus odoratus ／スイートピー／マメ科

Galardia

P. J. Redouté. — 30. Victor.

30

Galardia
Gaillardia pulchella ／テンニンギク／キク科

Althæa Frutex / Hibiscus Syriacus
Hibiscus syriacus／ムクゲ／アオイ科

Raisins blancs var.

Vitis vinifera ／ブドウ／ブドウ科

Camelia (Var.) *fleurs blanches* / Camelia Japonica
Camellia japonica ／ツバキ（白色八重咲系品種）／ツバキ科

Podalyria Australis
Baptisia australis ／ムラサキセンダイハギ／マメ科

Tigridie queue de Paon / Tigridia Pavonia

P. J. Redouté. — 35.

Victor.

Tigridie queue de Paon / Tigridia Pavonia
Tigridia pavonia／トラフユリ／アヤメ科

Noisetier franc à gros fruits / Corylus maxima
Corylus avellana ／セイヨウハシバミ／カバノキ科

Camelia à fleurs d'Anémone / *Camelia Anemonefolia*

P. J. Redouté. — 37. Langlois.

Camelia à fleurs d'Anémone / *Camelia Anemonefolia*
Camellia japonica ／ツバキ（'カラコ'系栽培品種）／ツバキ科

Redutea heterophylla

Cienfuegosia heterophylla ／キエンフェゴシア・ヘテロフィラ／アオイ科

Pivoine de la Chine / *Pæonia*

Paeonia suffruticosa ／ボタン／ボタン科

40

Passiflore ailée / Passiflora alata
Passiflora alata ／パッシフロラ・アラタ／トケイソウ科

41

Pervenche
Catharanthus roseus ／ニチニチソウ／キョウチクトウ科

Figue violette / Ficus violacea

Ficus carica ／イチジク／クワ科

43

La Pêche
Prunus persica (Amygdalus persica) ／モモ／バラ科

Cyrtanthe oblique.   *Cyrtanthus obliquus.*

P. J. Redouté. — 44.   Bessin

— 44 —

Cyrtanthe oblique / Cyrtanthus obliquus
Cyrtanthus obliquus ／キルタントゥス・オブリクウス／ヒガンバナ科

Ixia tricolor / Ixia tricolore
Sparaxis tricolor ／スイセンアヤメ／アヤメ科

Iris frangée

P. J. Redouté — 46.

Iris fimbriata

Langlois.

46

Iris frangée / Iris fimbriata
Iris japonica ／シャガ／アヤメ科

Gnaphalium eximium / Gnaphale superbe

Helipterum eximium ／ヘリプテルム・イキシウム／キク科

Adélaïde d'Orléans / Adelia Aurelianensis
Rosa 'Adelaide d'Orléans' ／ロサ・'アデレイド・ドルレアン' ／バラ科

49

Dombeya Ameliæ
Dombeya ameliae／ドンベヤ・アメリエ／アオイ科（アオギリ科）

Liseron / Convolvulus tricolor
Convolvulus tricolor ／サンシキヒルガオ／ヒルガオ科

51

Nerium / Laurier Rose
Nerium oleander／キョウチクトウ／キョウチクトウ科

Tubereuse / Tuberosa
Agave polianthes (Polianthes tuberosa) ／ゲッカコウ／キジカクシ科（リュウゼツラン科）

Geranium Variété

Pelargonium ×daveyanum／ペラルゴニウム・ダヴェイアヌム／フウロソウ科

Jasmin d'Espagne / Jasminum grandiflorum

Jasminum grandiflorum ／タイリンソケイ／モクセイ科

Poire Tarquin

P. J. Redouté Victor

— 55 —

Poire Tarquin
Pyrus communis ／セイヨウナシ／バラ科

Enkianthus Quinqueflorus
Enkianthus quinqueflorus ／ホンコンドウダンツツジ／ツツジ科

Œillet panaché. / *Dianthus caryophyllus.*

P.J. Redouté. _ 57.

Chapuy.

— 57 —

Œillet panaché / *Dianthus caryophyllus*
Dianthus caryophyllus ／カーネーション／ナデシコ科

Lavatera Phoenicea.   *Hibiscus.*

P. J. Redouté. — 58.   Bessin.

Lavatera Phoenicea / Hibiscus
Lavatera phoenicea／ハナアオイ／アオイ科

59

Fritillaire Impériale
Fritillaria imperialis／ヨウラクユリ／ユリ科

Glayeul couleur de Laque. / Gladiolus Laccatus.

Glayeul couleur de Laque / Gladiolus Laccatus
Watsonia meriana ／ワトソニア・メリアナ／アヤメ科

Amaryllis equestre

Hippeastrum puniceum／ホンアマリリス／ヒガンバナ科

Rose jaune de soufre / Rosa sulfurea
Rosa hemisphaerica／ロサ・ヘミスフェリカ／バラ科

Crocus sativus / *Safran cultivé*
Crocus sativus ／サフラン／アヤメ科

64

Bénoite écarlate / Geum coccineum
Geum coccineum ／ベニバナダイコンソウ／バラ科

Rosa centifolia / Rosier à cent feuilles
Rosa ×centifolia ／ロサ・ケンティフォリア［別名 キャベッジ・ローズ］／バラ科

Sabot des Alpes
Cypripedium calceolus ／カラフトアツモリソウ／ラン科

La Pensée / Viola tricolor
Viola tricolor ／パンジー／スミレ科

Papaver. *Cambricum.*

P. J. Redouté. — 68. Langlois.

— 68 —

Papaver Cambricum
Meconopsis cambrica ／メコノプシス・カンブリカ／ケシ科

Mimulus

Mimulus guttatus／ミムルス・グッタトゥス／ハエドクソウ科（ゴマノハグサ科）

70

Nymphæa Cærulea
Nymphaea caerulea／ルリスイレン［別名 ルリヒツジグサ］／スイレン科

Bengale Thé hyménée
Rosa 'Thé Hymenée' ／ロサ・'テ・ヒメネ'／バラ科

(No.1) Vieusseuxie à taches bleues (Nos. 2 et 3) Ixia (Variété)
(No.1) *Moraea tricuspidata* ／モラエア・トリクスピダタ／アヤメ科　(No.2) *Ixia polystachya* ／イキシア・ポリスタキア／アヤメ科
(No.3) *Ixia maculata* var. *fuscocitrina* ／イキシア・マキュラタ（変種フスコキトリナ）／アヤメ科

Hemerocallis Cærulea
Hosta ventricosa／ムラサキギボウシ／キジカクシ科（ユリ科）

Tropæolum majus Var. / *Capucine mordorée*

Tropaeolum majus ／キンレンカ［別名 ノウゼンハレン］／ノウゼンハレン科

Abricot-Pêche
Prunus armeniaca (Armeniaca vulgaris) ／アンズ／バラ科

Spaendoncea tamarandifolia.

P. J. Redouté. _76. Langlois.

Spaendoncea tamarandifolia
Cadia purpurea／カディア・プルプレア／マメ科

La Dillenne / Dillenia scandens

Hibbertia scandens／ヒバーティア・スカンデンス／ビワモドキ科

78

Camelia blanc / Camelia Japonica
Camellia japonica／ツバキ（白色系栽培品種）／ツバキ科

Rosa centifolia.   *Rosier à cent feuilles.*

P. J. Redouté. — 79.

Rosa centifolia / Rosier à cent feuilles
Rosa ×centifolia ／ロサ・ケンティフォリア［別名 キャベッジ・ローズ］／バラ科

1. Ixia à fleurs de Phlox   2. Niveole d'été
1. ***Ixia latifolia*** ／イキシア・ラティフォリア／アヤメ科   2. ***Leucojum aestivum*** ／スノーフレーク／ヒガンバナ科

Rosa Indica / Rosier des Indes jaune

Rosa ×*odorata* 'Sulphurea' ／ロサ・オドラタ（栽培品種'スルフレア'）［別名 ティーローズ、ボタンバラ］／バラ科

Grenade / Grenadier punica
Punica granatum ／ザクロ／ミソハギ科

Oreilles d'Ours / Primula auricula

P. J. Redouté. 83. Langlois

— 83 —

Oreilles d'Ours / Primula auricula
Primula ×pubescens／プリムラ・プベスケンス［慣用名（プリムラ・）オーリキュラ］／サクラソウ科

Tulipier / Tulipifera
Liriodendron tulipifera ／ユリノキ／モクレン科

Primevère de Chine / Primula Sinensis
Primula praenitens ／カンザクラ／サクラソウ科

Campanule Clochette

Campanula rotundifolia ／イトシャジン／キキョウ科

Rosa Muscosa / Rosier Mousseux

Rosa ×*centifolia* 'Muscosa' ／ロサ・ケンティフォリア（栽培品種'ムスコーサ'）［別名 モスローズ］／バラ科

Phlox Reptans.

P. J. Redouté. _ 88.

Victor.

88

Phlox Reptans
Phlox stolonifera／ツルハナシノブ／ハナシノブ科

Jacinthe d'Orient / Hyacinthus Orientalis

Hyacinthus orientalis ／ヒヤシンス／キジカクシ科（ユリ科）

Rosier Pompon / Rosa Pomponia
***Rosa* ×*centifolia* 'De Meaux'** ／ロサ・ケンティフォリア（栽培品種'ドゥ・モー'）／バラ科

Iris Xiphium Variété

P. J. Redouté. — 91. Langlois.

Iris Xiphium Variété
Iris xiphium ／スペインアヤメ／アヤメ科

Prune Royale. / *Prunus Domestica.*

P. J. Redouté. — 92. Langlois.

92

Prune Royale / Prunus Domestica
Prunus domestica／セイヨウスモモ／バラ科

Mauve pourpre / Malva purpurea
Phymosia umbellata ／フィモシア・ウンベラタ／アオイ科

Heliotropium Corymbosum.

P. J. Redouté. Langlois.

94

Heliotropium Corymbosum
Heliotropium corymbosum ／ニオイムラサキ／ムラサキ科

Primevère Grandiflore

Primula vulgaris ／イチゲコザクラ／サクラソウ科

Lychnide à grandes fleurs / Lychnis grandiflora
Silene coronata ／ガンピ／ナデシコ科

Gentiane sans tige / Gentiana acaulis

Gentiana acaulis／ゲンティアナ・アカウリス／リンドウ科

Gesse à larges feuilles. *Lathyrus latifolius.*

P. J. Redouté. — 98. Victor.

Gesse à larges feuilles / Lathyrus latifolius
Lathyrus latifolius ／ヒロハノレンリソウ／マメ科

Tagetes.   *Œillet d'inde.*

P. J. Redouté — 99.   Bessin

Tagetes / Œillet d'inde
Tagetes patula／コウオウソウ［別名 マンジュギク、フレンチ（またはアフリカン）・マリーゴールド］／キク科

— 100 —

Jacinthe d'orient variété rose / Hyacinthus orientalis
Hyacinthus orientalis ／ヒヤシンス／キジカクシ科（ユリ科）

Iris pâle / Iris pallida
Iris pallida ／シボリアヤメ／アヤメ科

Rosa Centifolia Bullata / Rosier à feuilles de Laitue
***Rosa* ×*centifolia* 'Bullata'**／ロサ・ケンティフォリア（栽培品種'ブラタ'）／バラ科

Fraisier à Bouquets / Fragaria

Fragaria chiloensis ／チリイチゴ／バラ科

Magnolia Soulangiana
Magnolia* ×*soulangiana ／サラサレンゲ［別名 サラサモクレン］／モクレン科

Platylobium

P. J. Redouté   Bessin

— 105 —

Platylobium
Platylobium formosum ／プラティロビウム・フォルモスム／マメ科

Campanule dentelée.   *Campanula.*

P. J. Redouté — 106.   Langlois.

106

Campanule dentelée / Campanula
Campanula trachelium ／ヒゲキキョウ／キキョウ科

Anemone simple / Anemone simplex
Anemone coronaria ／ハナイチゲ［別名 ボタンイチゲ、慣用名 アネモネ］／キンポウゲ科

Glayeul en pointe / *Gladiolus cuspidatus*
Gladiolus undulatus ／グラディオルス・ウンドゥラトゥス／ヒガンバナ科

Lilas

P. J. Redouté.   Langlois.

— 109 —

Lilas
Syringa vulgaris／ライラック／モクセイ科

Framboisier / Rubus

Rubus idaeus ／ラズベリー／バラ科

Coreopsis élégant / Coreopsis elegans
Coreopsis tinctoria ／ハルシャギク／キク科

Le ne m'oubliez pas ou Vergissmeinnicth / Myosotis scorpioides
Myosotis scorpioides ／ワスレナグサ／ムラサキ科

— 113 —

Narcisses doubles / Narcissus Gouani
Narcissus ×incomparabilis ／アキザキチュウラッパ／ヒガンバナ科

Ixia à fleurs vertes / Ixia viridiflora
Ixia viridiflora ／イキシア・ウィリディフロラ／アヤメ科

Erica / *Bruyère*
Erica vestita ／エリカ・ウェスティタ／ツツジ科

Rosier de Bancks Var. à fleurs jaunes
Rosa banksiae ／モッコウバラ／バラ科

Hortensia
Hydrangea macrophylla ／アジサイ／アジサイ科（ユキノシタ科）

— 118 —

Ipomœa Quamoclit
Ipomoea purpurea／マルバアサガオ／ヒルガオ科

Cyclamen

P. J. Redouté. — 119. Langlois.

Cyclamen
Cyclamen persicum ／シクラメン／サクラソウ科

Oranger à fruits déprimés
Citrus ×*aurantium* ／ダイダイ／ミカン科

Aster de Chine / Aster Chinensis
Callistephus chinensis ／アスター［別名 エゾギク］／キク科

Rosa Indica / Grande Indienne
Rosa ×odorata ／ロサ・オドラタ［別名 ティーローズ、ボタンバラ］／バラ科

Chèvrefeuille.   *Lonicera.*

P. J. Redouté. 123   Victor.

Chèvrefeuille / Lonicera
Lonicera caprifolium ／ロニケラ・カプリフォリウム／スイカズラ科

Pivoine officinale à fleurs simples / Pæonia officinalis mas
Paeonia officinalis ／オランダシャクヤク／ボタン科

Tulipe de Gesner / Tulipa Gesneriana
Tulipa gesneriana ／チューリップ／ユリ科

126

Clematis Viticella
Clematis viticella／クレマチス・ウィティケラ／キンポウゲ科

Bouquet de Camélias Narcisses et Pensées.

P. J Redouté　　　　　　　　　　　　　　　　　Victor

~ 127 ~

Bouquets de Camélias Narcisses et Pensées
（下）***Camellia japonica*** ／ツバキ／ツバキ科
（右上）***Narcissus tazetta*** ／スイセン／ヒガンバナ科　（左上）***Viola tricolor*** ／パンジー／スミレ科

Rosier du Candolle Variété
Rosa ×reversa／ロサ・リウェルサ／バラ科

Rosa Gallica Aurelianensis / *La Duchesse d'Orléans*
***Rosa gallica* 'Duchesse d'Orléans'** ／ロサ・ガリカ（栽培品種'ダッチェス・ドルレアンス'）／バラ科

Dalhia simple / Dalhia simplex
Dahlia ×pinnata ／ダリア（黄色系栽培品種）／キク科

Chrysanthème carené / Chrysanthemum carinatum
Chrysanthemum carinatum ／ハナワギク／キク科

Rosier à cent-feuilles, foliacé
Rosa ×centifolia 'Foliacea' ／ロサ・ケンティフォリア（栽培品種'フォリアケア'）／バラ科

Mauve.   *Hibiscus trionum.*

P.J. Redouté. — 133.   Langlois.

Mauve / Hibiscus trionum

Hibiscus trionum／ギンセンカ／アオイ科

Pæonia tenuifolia. / *Pivoine à feuilles Linaires.*

P. J. Redouté. — 134. Chapuy.

Pæonia tenuifolia / Pivoine à feuilles Linaires
Paeonia tenuifolia／ホソバシャクヤク／ボタン科

Ellebore   Œillet

(左) ***Helleborus niger*** ／クリスマスローズ／キンポウゲ科　(右) ***Dianthus caryophyllus*** ／カーネーション／ナデシコ科

Reine Claude franche
Prunus domestica ／セイヨウスモモ／バラ科

Rosa Centifolia / Rosier à cent feuilles
Rosa ×centifolia ／ロサ・ケンティフォリア［別名 キャベッジ・ローズ］／バラ科

Calville blanc
Malus domestica ／リンゴ／バラ科

Oreilles d'Ours / Primula Auricula Var.
Primula ×pubescens ／プリムラ・プベスケンス［慣用名（プリムラ・）オーリキュラ］／サクラソウ科

Bignonia Capensis.

P. J. Redouté. — 140. Langlois.

— 140 —

Bignonia Capensis
Tecomaria capensis ／ヒメノウゼンカズラ／ノウゼンカズラ科

Variétés de Rose jaune et de Rose du Bengale / Rosa lutea & Rosa Indica (Var.)
（左下）***Rosa* ×*odorata*** 'Sulphurea' ／ロサ・オドラタ（栽培品種'スルフレア'）［別名 ティーローズ、ボタンバラ］／バラ科
（右、左上）***Rosa* ×*odorata*** ／ロサ・オドラタ［別名 ティーローズ、ボタンバラ］／バラ科

Grenadille à grappes / Passiflora racemosa
Passiflora racemosa／ホザキノトケイソウ／トケイソウ科

Rose　　Anémone　　Clématide

(中央) **Rosa ×centifolia**／ロサ・ケンティフォリア［別名 キャベッジ・ローズ］／バラ科
(右) **Anemone coronaria**／ハナイチゲ［別名 ボタンイチゲ、慣用名 アネモネ］／キンポウゲ科　(左) **Clematis florida**／テッセン／キンポウゲ科

Giroflée jaune / Cheiranthus flavus
Cheiranthus cheirii ／ニオイアラセイトウ／アブラナ科

解　説

ルドゥーテと『美花選』

東京大学名誉教授

大場　秀章
OHBA, Hideaki

花や植物を描いた絵といえば、多くの人が思い浮かべるのは植物図鑑であろう。図鑑は鑑定を目的にした図絵であり、目的に合致するように個々の植物の特徴が図示されている。まさに「百聞は一見に如かず」をかたちにしたものといえる。

だが植物を描いた絵は即、植物図鑑ではない。芸術的な鑑賞の対象として描かれた絵画の存在にも気付かれるであろう。浮世絵には植物を描いた作品は多い。ゴッホのヒマワリやモネの池に浮かぶスイレンもある。

広重の「堀切菖蒲園」は浮世絵を代表する作品だが、描かれた植物が本当にハナショウブなのかと問われると、私は多分そうであろうとしかいえない。ゴッホの「ヒマワリ14本」もそうだ。なぜなら作品中の植物にはそう断定する根拠となる形状が十分には描かれてはいないからだ。広重の活躍した江戸末期の日本で栽培されていた、限られた種数のアヤメ属の植物のなかではハナショウブにあたるだろう、という推量をするのがせいいっぱいなのだ。ゴッホのヒマワリにもそれはいえる。

描かれた植物の特徴が作品中に明瞭に図示され、しかもそれに芸術的創造性があって鑑賞価値をともなう植物画も存在する。ゴッホのヒマワリの諸作品ほどには人口に膾炙（かいしゃ）してはいないが、欧米ではこのような植物の絵画を集めた展覧会も多い。植物学的な同定に応えられる正確さのうえに芸術的創造性が加わった植物の絵画のことをボタニカルアートと呼ぶ。『美花選』は、このボタニカルアートを代表する、きわめて重要な作品のひとつに数えられている。

『美花選』とは

『美花選』は植物の絵画、すなわち植物画を主体にしたフォリオ版の豪華本として出版された。収載された図版の総数は144で、そのすべてをルドゥーテが描いている。大部であったため、その初版は各回4図版づつ、36部に分けて出版された。その第一分冊が刊行されたのは1827年5月26日、最後の36分冊が出たのは1833年6月22日で、完成には6年以上かかっている。『美花選』が刊行中のヨーロッパでは、マンチェスターとリヴァプールとの間に世界最初の鉄道が開通し、ルドゥーテが活動の舞台としていたパリでは、「七月革命」と呼ばれる革命があり、シャルル10世が退き、ルイ＝フィリップが国王となった。楽聖ベートヴェンが、詩人ゲーテが没し、日本ではシーボルトが国外退去を命ぜられオランダに退出したのもこの期間だった。

『美花選』の書名は、原題、*Choix des plus belles fleurs* を訳したものである。Choix は '選ぶこと' や '選集'、fleurs は花（複数形）で、plus belles は美しいを意味する形容詞 beau の最上級複数形 belles と、belles を修飾する 'さらに一層' の意味の副詞 plus からなる。当時刊行される書物には通常長い題名や副題が与えられるのが慣習だった。『美花選』にもそれはある。

> prises dans différentes familles du règne végétal et de quelques branches des plus beaux fruits groupées quelquefois, et souvent animées par des insectes et des papillons gravées, imprimées en couleur et retouchées au princeau avec un soin qui doit répondre de leur perfection dédié à ll. aa. rr. les princesses Louise et Marie d'Orléans...

この部分は訳せば、「植物界の様々な科から選ばれ、さらにたいへん美しい果実を付けた枝もいくつか選び、彫紋のある蝶々や他の昆虫も合わせて、カラーで印刷し、絵筆で入念に補正して仕上げ、ルイーズ（・マリー）およびマリー（・クリスチーヌ）・オルレアン両公女に献呈する」という意味のことが書かれている。

何を美花とみるかは好みが分かれるだろう。園芸の発達した今日、対象となる美花は数限りなくあるからだ。例えば、ランといって今日観賞に供される種は千を超え、その栽培品種となれば優に万を超す。ランの女王、カトレアひとつにしても、観賞者の好みを反映した千ではきかない数

の栽培品種があるのだ。交配など、最新の様々な育種技術を駆使して、ばく大な栽培品種がいくつもの種苗会社や個人の育種家の手により市場に供給される。なかには他種の遺伝子を人工的に導入して作り出された栽培品種さえもある。このような現状のもとで美花を選ぶとなれば、選ばれる美花はほとんど人毎に異なったものになることにちがいない。'私の'とか'私が選んだ'という、限定的な形容語なしに、『美花選』やこれに類似した植物画集は到底出版できまい。

『美花選』を初めて手にしたとき、図版の大半に描かれている植物が巷ではありふれた部類に属するような花、それに果実ばかりで、今日のセンスでみたらこれが美花かと首を傾げたくなるような花がほとんどではないかという印象を受けた。『美花選』の名称に反して、実際にはそのほとんどが今や巷にありふれた花や果実ばかりなのには理由がある。『美花選』以降、園芸はめざましい発展を遂げ、ルドゥーテの時代とは様相を一変してしまったのだ。

花卉園芸の勃興

ヨーロッパでの最初の園芸書のひとつは、イギリスのパーキンソン（John Parkinson）が、1629年に出版した『地上の楽園』（Paradisi in sole paradisus terrestris）である。彼は1625年に没した国王ジェームス1世の侍医を務めた高名な医者だったが、同時にヨーロッパで最初の花卉園芸家と呼ばれる人でもあった。今日園芸といえば、穀類や野菜ではなく、もっぱら観賞を目的とした花卉栽培のことだと理解している向きも少なくないが、もともとは壁で囲まれた中庭のような土地での植物栽培を指した。

確かに17世紀以降になると、中庭で栽培する植物の大半が観賞目当ての花卉へと変じるが、古くは園芸の主役といえば薬草だった。中世になり、医学そのものが、それまでの治療を中心としたものから健康維持や増進をも考慮したものに変わった。これに連動して、ハーブやスパイスが園芸の主役の座を占めることになった。薬草中心の園芸に関与していたのは紀元前から薬草を研究し、医者でもあった本草家だった。中世も後半の12・13世紀になると、ヨーロッパではアラビアなどのイスラム圏の文化的影響が強まる。ハーブやスパイス類だけでなく、美花や果実の観賞も気分転換をもたらし健康生活に役立つと認知され、これを目的とする花卉の中庭での地位が少しずつ上昇していった。建物の中庭の多くが今日の車社会のなかでは駐車スペースと化してしまっているが、それでも修道院や歴史のある病院などでは、園芸の舞台となった中庭の様相を今日に伝えている。

園芸といえば少なくとも16世紀までは教会や修道院、王侯・貴族の居住地の占有物であった。それが次第に拡大しつつある市民層に浸透し始めたのは、オランダ、イギリス、フランスでいえば、17世紀だった。彼らの主たる住宅は、小規模ながら、少数の果樹や花木、それに花卉類の栽培が可能だった。17世紀の観賞用園芸の勃興という、園芸の転換期の様相を、花卉類を中心に図解とともに記録したのが上記の『地上の楽園』だった。たくさんの園芸品種が載る同書だが、眺めてすぐに気付くのは、当時の花卉の主役は、原種がヨーロッパ全土や地中海地域に自生する、ナデシコ（カーネーション）やストック、アネモネ、サクラソウ、キンセンカなどであり、それらから選抜された大輪や八重咲き品などが園芸植物中の名花としてもてはやされたことである。今日ではヨーロッパでも普通にみられるようになったキクなど、ヨーロッパ外から渡来した花卉類はまだほんのわずかしかなかった。

ルドゥーテ時代の園芸

ルドゥーテが生れたのは1759年である。彼の誕生から亡くなる1840年までの期間、ヨーロッパはたいへんな激動期で、とくに先進国ではルドゥーテ自身も遭遇した市民革命に社会は揺れ動いた。しかし革命にいたるまでの間、王権に支えられたヨーロッパの列強国は、新大陸をはじめとする世界の諸地域の利権を求めて跳躍し、その過程で発見された多数の未知の動植物も本国に運び込まれてきた。生きたままで到来した植物もあった。多くはかろうじてオランジェリーと呼ばれるガラスを多用した建物で育てることはできたものの、ヨーロッパで露地栽培できる植物は少なかった。そのわずかな露地栽培可能な草本類は新参の花卉類として珍重され、またたく間にヨーロッパ中に広がっていった。

渡来の年代が判明している植物も多い。塚本洋太郎（1952年）によれば、中国北部からアスター（エゾギク）がフランスに入ったのは1728年、日本からイギリスにツバキが移入されたのは1739年、同様にボタンは1789年である。また1789年には中国のキクがフランスに入っている。アジサイは1790年、フリージアは南アフリカのケープ地方から1816年に、ともにイギリスに入っている。1827年から1833年にかけて刊行された『美花選』は、こうした現在の主要な非ヨーロッパ系花卉類の移入期に出版が重なっている。観賞を目的とした花卉としてデヴューした、まさにそのときの初々しい姿が『美花選』に絵画として保存されているといってよい。

ところで、球根ベゴニアが南アメリカからイギリスに渡来したのは1847年だし、レックス・ベゴニアは1858年にインドからフランスにもたらされた。今では日本の春先の観賞用花卉に欠かせないプリムラ・オブコニカやプリムラ・マラコイデスが、原産地の中国からイギリスに伝わったのは前者が1880年、後者は1908年である。いずれもルドゥーテ没後にヨーロッパに渡来した植物である。こうした植物は『美花選』に登場しないのはもちろんのことである。上記2種とともに中国産のプリムラを代表するカンザクラ（チュウカサクラソウ）は、いち早く、1821年に広東からヨーロッパに伝わった。かろうじて『美花選』に間に合ったのだ。観賞に適した園芸植物の原種の探索はルドゥーテの没後も続き、今日においてもなお盛んに行われている。『美花選』にはヨーロッパでの花卉植物の来歴の歴史が投影されているといえるだろう。

『美花選』の名花のほとんどには、原種の面影が強く残っている。日本でもよく栽培される、トラフユリやスペインアヤメ、スイセン、ボタン、そしてツバキやバラなどで、現代の栽培品種と対比してみるのも興味深い。品種の改良には一定の方向性があるようだ。花の、より大輪化、花弁数のより多い八重咲き化、花弁などの変形や修飾、花冠への斑紋、斑点、しぼりの誘導などがそれである。今や私が『美花選』の名花にすがすがしさを覚えるのは、あまりにも巨大化し、装飾化した花ばかりに日々接していることへの反動でもあろう。花の巨大化をはじめとする改良は、異なる種をかけ合わせる交配技術の進歩によってルドゥーテの時代以降急速に進んだ。『美花選』にみる交配種は、モクレンとハクモクレンの交配によるサラサレンゲや、キャベッジ・ローズの名で親しまれているロサ・ケンティフォリアなどごく少数に限られている。導入された野生種の数も桁違いに多い今日、品種改良では上記の大輪化などだけではなく、もっと多様な嗜好性があってもいいように私には思えるのだ。

ボタニカルアートの来歴

描かれた植物の同定ができるように特徴が明確に描かれ、芸術的創造性をも具えた植物の画作をボタニカルアートということはすでに述べたが、『美花選』の著者ルドゥーテはボタニカルアート史上、見過ごしを許されない重要な画家であった。彼は、それまでのボタニカルアートをさらに発展させるための技術開発やその普及にも大きな足跡を残している。

本草学は、薬になる植物の特徴や見分け方、あるいはその薬効を研究する学問で、ヨーロッパではギリシア時代にまで遡る古い歴史をもつ。植物学がこの本草学から派生したのはルネサンス期のヨーロッパだった。植物学誕生の契機となったのは、当時の本草学者であるマッティオリ（Pietro Andrea Mattioli）やゲスナー（Conrad von Gesner）、フックス（Leonhard Fuchs）などが、薬効の有無と無関係にあらゆる植物を研究の対象としたことに端を発している。

この時代にヨーロッパ各地の薬草園は、植物園へと転換した。植物園では薬草だけでなく、世界各地の多様な植物が集められ研究された。造船や航海術の進歩により、新大陸やオセアニアへの航海が可能になった結果である。とくに絶対主義国家として隆盛を誇ったフランスやイギリス、それに神聖ローマ帝国下のハプスブルク家などは、17・18世紀あるいはそれ以降も率先して世界中から植物を蒐集した。また、蒐集品は精密に描かれた植物画として宮廷などに保存され蓄積された。

a. 羊皮紙派

フランスに王立植物園が誕生したのはルイ13世の時代である。大の植物好きだったルイ13世の弟、オルレアン公はフランス中部のブロワに広大な私設の植物園をつくった。そこで栽培された植物をロベール（Nicolas Robert）を中心とした植物画家に描かせた。彼らの作品はほう大な数に達していたが、没後にルイ14世がこれを買収し、事業そのものも王立植物園が引き継ぐことになった。このコレクションは、紙ではなく、幼い羊の皮でつくられた羊皮紙に描かれたため、コレクションに係ったロベールらは、羊皮紙派の植物画家と呼ばれた。

羊皮紙派の作品には、すぐれた描写力を感じるが、今日からみると問題点も多々あった。とくに目線の位置が、多くの場合、植物の特徴が表れる花の内部を示せるところにはなかった。また、花や果実、葉の全形などを的確に表示することの重要性への認識に欠けるところがあった。これは、羊皮紙派の時代の植物学はまだ類似種から区別する特徴を必ずしも明確には掌握していなかった事情を反映している。

ロベールの植物画は後代フランス、さらには一部を購入したオーストリアの植物画に大きな影響を及ぼした。オーストリアの女帝マリア・テレジアの侍医ファン・ズヴィーテンは、領国のひとつであるサヴォイの王子だったオイゲン公が購入した羊皮紙コレクションの銅板コピーをつくらせ、執務室で描かれた植物の同定をしていたという。まだ医者は植物に通暁している時代だったとはいえ、常識の枠を超えた執心ぶりだといえる。ズヴィーテンの弟子に当るニコラス・ヨゼフ・ジャカン（Nicolaus Joseph von Gacquin）、それに息子のヨゼフ・フランツ・ジャカン（Joseph Franz von Gacquin）も植物画の同定に協力した。後にジャカン親子は画家、フランツ（Franz Andreas Bauer）とフェルディナンド（Ferdinand Lukas

Bauer）のバウアー兄弟と協同してウィーンのボタニカルアートの発展に中心的役割を担った。蛇足だが、コレクションはオーストリア皇帝フランツ1世にも影響を与えた。もともと博物好きの彼は、ウィーンの自然史博物館の生みの親でもあるが、ルイ14世に倣って、王宮などで栽培した植物を描かせた植物画を宮廷に蓄積した。

17・18世紀にあっては、文化は君主を中心に発達した。文化の発展は君主の偉大さを誇示し、国家の目的に沿うものには君主らはパトロンとなり、その保護育成さえした。自然科学も同時期に著しい発展を遂げ、科学の世紀ともいわれる。顕著な足跡を残した科学者の多くも宮廷や貴族らの支援を受けていた。ボタニカルアートもこの時代、単なる鑑賞の対象としてだけでなく、科学の発展に一定の役割を担うものと認識されていた。

b. ボタニカルアートのスタイルを確定したエーレット

世界中の植物蒐集に熱心な国王のもとで、フランスでは植物学が発展した。個々の植物種で類似種を特定し、相違点を明らかにすることや、類似種を集類した種族誌にまとめる研究が進展した。オーブリエ（Claude Aubriet 1665–1742年）は、当時世界の分類学研究をリードしていたツーヌフォール（Joseph Pitton de Tournefort 1656–1708年）と協力して植物画を描いた。類似種からの区別点にスポットを当てた植物画は、分類学の研究にも役立った。花冠主義者と呼ばれるツーヌフォールの影響を受けたオーブリエは、画作ではとくに花を重視した。オーブリエが、花の肖像画という、花を中心に描く植物画のスタイル確立に貢献したのは偶然ではない。

私は、「花の肖像画」という近代の植物画はエーレット（Georg Dionysius Ehret 1708–1770年）をもって始まった、とみる。花の肖像画とは、たった1花または1果、ときには1枝を中央に置き、描く植物の特徴を余すところなく表出した植物画である。人間の肖像画が、描かれた人物の特徴を余すことなく伝えていることに較べられよう。

エーレットはオーブリエが到達した、ボタニカルアートのスタイルをさらに推し進めた。エーレットにとって重要だったのは、生物分類学の生みの親といわれるリンネ（Carl [von] Linnaeus 1707–1778年）との出会いである。リンネの知遇をえることでエーレットは才能を開花させ、その成功が「花の肖像画」という様式を確立させ、やがてそれがボタニカルアート界に定着していく。オーブリエは植物を描くとき、目線を、描く植物が最も美的に表現できると彼が考える位置にとる。多くの場合、目線は中心となる花や花の集まる位置よりも若干上にあり、その位置からは花の内部のつくりが描けないことが多い。エーレットの目の位置は、多くの場合、右斜め上にある。この位置からだと花の内部のつくりも判り、外形も表現でき、葉の重なりが最も少なくできるのだ。エーレットの植物画では、描かれた植物の同定が、彼が描いた図から誰でも可能になるよう工夫されているのだ。そのうえで彼は、花や植物の美を引き出す。

ボタニカルアートにまず求められることは、描かれた植物の種としての特徴、つまり類似種から区別するうえで鍵となる属性が、画面上に明確に示されていることである。さらに多くの場合、部分図や拡大図あるいは解剖図なども駆使して画面上に特徴が描き加えられる。植物をどう描くかは、この一般則が充たされたうえでのことであり、これを充たしていない作品はボタニカルアートの範疇外ということになる。

『美花選』の著者ルドゥーテ

エーレットが確立したボタニカルアートを一層発展させ、広めたのは『美花選』の著者ルドゥーテだ。

ピエール・ジョゼフ・ルドゥーテ（Pierre Joseph Redouté）は、今はベルギーに属するアルデンヌ地方のサン＝チュベール（Saint-Hubert）で生れた。大作曲家モーツァルトの生誕の3年後である1759年だった。35歳で生涯を終えたモーツァルトとは異なり、ルドゥーテはフランス革命を挟むヨーロッパ史上でもまれにみる激動の時代を生き抜き、1840年に没した。革命中もルドゥーテは花と植物を描くことを止めることはなかった。

彼の父方は十字騎士教会に埋葬特権を与えられた騎士だったが、同時に画才に恵まれ、父シャルル・ジョゼフ・ルドゥーテ（Charles Joseph Redouté 1715–1775年）はパリで修業の後、サン＝チュベールに住み、画家として肖像画や町の教会の宗教画などを描いた。当時の画家の仕事といえば、肖像画と宗教画の制作が主であり、その意味ではルドゥーテは典型的な職業画家の家に生れ育ったといってよい。

シャルル・ジョゼフは、妻マールグリト・ジョゼフ（Marguerite Josèphe Redouté）との間に3人の子供に恵まれた。ルドゥーテは次男で、兄アントワヌ・フェルディナン（Antoine Ferdinand Redouté 1756–1809年）、三男アンリ・ジョゼフ（Henri Joseph Redouté 1766–1852年）も画家となった。彼らが生れたのはRue du Four（「竈（かまど）通り」の意味で、現在は「ルドゥーテ通り」と呼ばれる）8番で、庭付きの比較的裕福な家だった。ルドゥーテの生家は1944年12月まで現存したが、その年ドイツ軍の重爆撃で町とともに破壊された。

ルドゥーテは、父のもとで画業の基礎を身につけ、当時の慣習にしたがって13歳のときリエージュ、フランドル、オランダなどの低地地方に修

ルドゥーテ肖像画

業に出た。そこでヤン・ファン・ハイスム（Jan van Huysum 1682-1749年）の手になる花束と果実の画に出会った。ハイスムは、何種類もの花を束にした「花束」画を描いた時代を代表する著名な植物画家だった。ルドゥーテの作品にみる輝くような花びらの描き方は、ルドゥーテがハイスムの作品から学んだものといわれている。

a. レリティエとスペンドンクの知遇をえる

　1782年にルドゥーテは、パリで装飾画家として生計を立てていた兄のもとに行った。ルドゥーテは、兄の仕事を手伝う一方で、生計の足しに植物を描いた作品をシュヴォー（Cheveau）という画商に売っていた。その縁でルドゥーテはドゥ・マルトー（Gilles Antoine de Marteau）という彫版師と知り合いになり、彼の工房で、彫版法と多色刷りの技法を学ぶことができた。ここで学んだことが、後の自作の印刷、とくにスティップル法と呼ぶ特殊な印刷法の開発に役立った。

　休日などを利用して、彼は当時サン＝ヴィクトワールにあった王立植物園で植物の写生に精を出した。オランダの花束派の植物画は素晴らしかったが、多くても60種は超えない種数の少なさがルドゥーテには不満だった。王立植物園には多数の植物が栽培され、それに接したルドゥーテは植物の素描にのめり込んでいった。

　シュヴォーは2人の人物にルドゥーテを紹介した。彼らは彫版されたルドゥーテの植物画に目を止めた。2人のうちのひとりは裕福な植物研究家で蔵書家でもあったシャルル・ルイ・レリティエ・ドゥ・ブリュテル（Charles Louis L'Héritier de Brutelle 1746-1800年）であり、他のひとりは博物画家のヘラルド・ファン・スペンドンク（Gerard van Spaendonck 1746-1822年）である。この出会いが後のルドゥーテの一生に大きな影響を及ぼした。

　レリティエは、革命前は森林水利保全局長官を務めるなど、裕福なパリの貴族で、博物学に通じていた。ルドゥーテの才能を認め、花の解剖技術などを教え、後には自らの研究で滞在していたイギリスにも呼び寄せ、研究論文のための植物画の作成を依頼するなどした。レリティエの著書『英国での花』（*Sertum anglicum* 1788年）にはイギリスの植物画家サワビー（James Sowerby 1757-1822年）の作品とともにルドゥーテの描いた22図版が掲載された。これは1787年に刊行された自著『フウロソウ学』（*Geraniologia*）に続く、ルドゥーテの書籍として刊行された2番目の出版物となった。ほぼルドゥーテと同年代のサワビーも後にイギリスを代表する植物画家になる人である。

植物を描くことには誰よりも関心があったが、ルドゥーテはレリティエの知遇をえるまでは、当時の学者はむろん、植物学に関心のある人なら誰でも知っていたと思われる、分類学の父、リンネの名も、彼の重要な著作である『植物種誌』（Species plantarum）や『植物属誌』（Genera plantarum）の存在さえも知らなかったらしい。レリティエの蔵書がルドゥーテの勉強に役立った。

フランスでは、オルレアン公が始めた植物画の羊皮紙コレクションの制作が黙々とパリの王立植物園で続けられていた。その監督・推進が植物画教授の主たる業務であり、その職に就いていたのがスペンドンクだった。イギリスから帰国したルドゥーテは、スペンドンクから王立コレクションへの作品依頼を受け、これを快諾した。ルドゥーテは実際に多数の作品をこのコレクションのために残している。

さらにスペンドンクの計らいによると推測されるのが、王妃マリー・アントワネットのプティ・トリアノン宮での画作である。それが縁となり、フランス革命勃発の1789年に、ルドゥーテは王妃マリー・アントワネット付宮廷画家の称号を与えられた。革命後に王立植物園は、国立自然史博物館と改称されたが、ルドゥーテは引き続き羊皮紙に植物画を描き続ける職を担い続けていた。革命下の1793年、ロベスピエールは王妃をギロチンのもとに送った。彼に支援を惜しまなかったレリティエも革命の犠牲となったが、幸運にもルドゥーテは旧制度とは無縁となった国立自然史博物館のスタッフであったことから大きな危害を受けることなく済んだ。

b. 豪華図譜の刊行

レリティエは生前、王立植物園植物学教授のデフォンテーヌ（René Louiche Desfontaines 1750–1833年）や菊丁長トゥアン（André Thouin 1747–1824年）、植物学者のルモニエ（Louis Guillaume Le Monnier 1717–1799年）、それにジュネーヴから遊学中のオーギュスタン・ピラムス・ドゥ・カンドル（Augustin Pyramus de Candolle 1778–1841年）と親しかった。ルドゥーテはレリティエを介して上記の人々と親交を結んだ。とくにドゥ・カンドルの知遇をえた意義は大きかった。ドゥ・カンドルは、リンネそしてドゥ・ジュシュー（Antoine Laurent de Jussieu 1748–1836年）の後を受けて、世界の植物学界で指導的役割を担う植物学者となった。

あらゆる化合物を元素記号によって表すことができ、また色々な物理現象を数式で示せるのと同じように、ドゥ・カンドルは、あらゆる植物をわずか数項目の記載で定義することを分類上の原理と考えていた。彼によれば植物学者の仕事は、種や属を定義できる属性を見つけだすことだった。そして植物の具体的な「生きざま」を示す仕事は植物画家に委ねられたのである。ドゥ・カンドルは、肉厚のためにおし葉標本からの復原がむずかしい多肉植物の傑出したモノグラフである『多肉植物図譜』（Plantarum historia succulentarum［Histoire des plantes grasses］）を1798年に刊行するが、ほとんどの植物画はルドゥーテが描いた。また、多様で分類が混乱していたユリ科植物についても1802年から16年にかけて、同様な研究書を兼ねた豪華本が、ルドゥーテを著者に、『ユリ科植物図譜』（Les Liliacêes 全8巻）として出版された。これらはルドゥーテの名を不朽のものとした学術的著作であるが、ボタニカルアート史上でも画期的なものであった。これに関わったことでルドゥーテの名声は不動のものとなった。

c. ナポレオン妃ジョゼフィーヌ

とくに18世紀後半から19世紀にかけて、各国の王家などは競って未開地の植物探索を支援しており、彼らが関係した植物園や庭園には続々と多数の未知の植物が集まっていた。革命後ナポレオン妃となったジョゼフィーヌは、植物学者のヴァントナ（Étienne Pierre Ventenat 1757–1808年）とミルベル（Charles François Brisseau de Mirbel 1776–1854年）を雇い、巨費を投じてマルメゾン宮に世界中の稀産奇種を蒐集する遠大な計画を企てた。また、ルドゥーテの画作に惜しみない援助を与えた。ルドゥーテは、ボタニカルアート史上最大の傑作といわれる、『マルメゾン庭園植物誌』（É. P. Ventenat, Jardin de la Malmaison 1803–1805年）と『マルメゾンおよびナヴァールで栽培される稀少植物』（A. J. A. Bonpland, Description des plantes rares cultivées à Malmaison et à Navarre 1812–1817年）に作品を描き、マルメゾン宮に蒐集された珍しい植物の姿を後世に残した。

バラはジョゼフィーヌ妃が誇るもうひとつのコレクションだった。これをルドゥーテは自前で描く決心をした。バラはほとんどの種の開花期が初夏に集中している。ぼう大なコレクションを1年や2年ですべて描ききることは不可能だった。描かれたバラは1817年から分冊のかたちで刊行された『バラ図譜』（Les Roses 全3巻）に収められていったが、完成までに8年を費やし、ようやく1824年に全3巻が完成した。刊行が開始された1817年にジョゼフィーヌはすでに亡くなっていたが、ルドゥーテは初心を貫いた。『バラ図譜』は、ボタニカルアートの傑作であるのはもちろんだが、当時マルメゾンで栽培されていたバラがどんなものかを明らかにしてくれる。同図譜はまたバラの園芸史を紐解くうえで欠かせない貴重な資料でもある。図譜には、コウシンバラに由来する高芯剣弁咲きの栽培品種は登場しないが、今は失われてしまったオールド・ローズの名品の姿を図中に数多く残している。『美花選』にも多くのバラが載り、いずれも名品揃いであるが、高芯剣弁咲きの栽培品種は皆無である。後のモダン・

ローズの誕生に重要な役割を果たす中国渡来のティーローズやロサ・'テ・ヒメネ'の図はバラの園芸史上注目されるものである。

　ルドゥーテの手になる『バラ図譜』や『マルメゾン庭園植物誌』などは、かつてはパリのサロンの花だった王妃ジョゼフィーヌというパトロンのもとに、世間の喧騒を余所に植物学者と芸術家の見事な協同がマルメゾン宮で脈々と進められていたことを証してくれる。

d. 印刷へのルドゥーテのこだわり

　ルドゥーテの時代はまだカラー印刷は普及していなかった。そのため原色図の多くは、輪郭線だけを黒のみで印刷し、それを塗り絵のように人手で色塗りをする、手彩色という手法で制作された。ルドゥーテは一点一点仕上がりが異なる手彩色による原色化を嫌った。また、色塗りのためには欠かせない黒い輪郭線も目障りだった。実際の植物に輪郭線があるわけではないのだから、これはもっともなことではある。

　ルドゥーテはレリティエに伴われての訪英中にフィレンツェ生まれの彫版工バルトロッツィー（Francesco Bartologgi）からスティップル法による銅版多色刷りの方法を習った。後に自らこれを改良し作品の印刷に用いたのだ。この方法は原画を線ではなく、点によって製版するもので、重ね刷りしても色の混ざり合いを防ぐことができた。かたちを色の点として捉えた点では印象派の画家マネの作品や後のカラー印刷が重なる。スティップル法は画面から黒い輪郭線を一掃し、日本画でいう没骨塗りを可能にした。スティップル法の採用により、植物画の仕上がりは均一化し、植物画の印刷による普及に大きな力となったのは勿論である。この印刷法による原色化の成功と、黒の輪郭線の画中からの除去は、ボタニカルアートにおいてルドゥーテの成し遂げた技法上の大きな貢献である。さらにルドゥーテの大きな貢献といえるのが、ボタニカルアートの愛好者層を新たに形成された市民層にまで拡張したことである。

　ルドゥーテは騎士の家系の血を受け継いだいかつい体格と手をもっていたらしい。一方、ルドゥーテの植物画は花や植物の繊細さをそのまま封じ込めてしまったと錯覚することがある。そうした作品がまるで熊を想わせる彼の大きな手から生れたとは信じがたい。また、彼の顔立ちも美男子のそれとはいい難かった。にもかかわらず彼がパリに開いた画塾にはパリ中の貴婦人が集ったといわれている。マリー・アントワネット妃とジョゼフィーヌ妃、それにオルレアン家のルイーズとマリーの両公女にルドゥーテは親しく接し、植物を描き、教えた。

　そうしたことも手伝って、若年の頃はともかく、ルドゥーテは豊かな暮らしを送った、と想像されしてしまう。確かに一時期は別荘を所有するほどではあったが、晩年は日々の暮らしにも困窮する有様だったという。『美花選』の出版にはそうした経済的な困難から抜け出す意図もあった。

　『美花選』はルドゥーテがデッサンを教えたオルレアン公のルイーズならびにマリー公女に捧げられた。当時、本は予約購読だった。公女への献呈は貴顕の人々を『美花選』の購読者として獲得するうえで力を発揮したにちがいない。かつてジョゼフィーヌ妃のマルメゾン宮でも会ったことのある、ザクセン＝コーブルグ公ともルドゥーテはパレ・ロワイヤルのオルレアン公の居宅で再会した。公も『美花選』の予約購読者に名を連ねた。

　だが、ルドゥーテの経済的困窮状態は改善されなかった。『美花選』からはそうした困難に直面しているルドゥーテの気配を感じとることはできない。植物や花に接するときルドゥーテはおそらくすべてを忘れ、虚心坦懐にそれを描いたのだろう。花の精のように。

索　引

*和名／科名／図版番号の順に表記した。

アキザキチュウラッパ／ヒガンバナ科　113
アジサイ／アジサイ科（ユキノシタ科）　117
アスター／キク科　121
アネモネ ⇒ ハナイチゲ
アネモネ・ホルテンシス／キンポウゲ科　21
アフリカン・マリーゴールド ⇒ コウオウソウ
アルストロメリア・ペレグリナ／ユリズイセン科（ユリ科）　26
アンズ／バラ科　75
イキシア・ウィリディフロラ／アヤメ科　114
イキシア・ポリスタキア／アヤメ科　72
イキシア・マキュラタ（変種フスコキトリナ）／アヤメ科　72
イキシア・ラティフォリア／アヤメ科　80
イチゲコザクラ／サクラソウ科　95
イチジク／クワ科　42
イトシャジン／キキョウ科　86
イングリッシュ・アイリス／アヤメ科　19
エゾギク ⇒ アスター
エリカ・ウェスティタ／ツツジ科　115
オーリキュラ ⇒ プリムラ・プベスケンス
オランダシャクヤク／ボタン科　124
オランダシャクヤク（栽培品種'アルバ・プレナ'）／ボタン科　4
カーネーション／ナデシコ科　1, 57, 135
カディア・プルプレア／マメ科　76
カラフトアツモリソウ／ラン科　66
カンザクラ／サクラソウ科　85
ガンピ／ナデシコ科　96
キエンフェゴシア・ヘテロフィラ／アオイ科　38
キバナスイセン／ヒガンバナ科　8
キャベッジ・ローズ ⇒ ロサ・ケンティフォリア
キョウチクトウ／キョウチクトウ科　51
キルタントゥス・オブリクウス／ヒガンバナ科　44
キンギョソウ／オオバコ科（ゴマノハグサ科）　12
ギンセンカ／アオイ科　133
キンレンカ／ノウゼンハレン科　74
グラジオラス・ウンドゥラトゥス／ヒガンバナ科　108

クリスマスローズ／キンポウゲ科　135
クレマチス・ウィティケラ／キンポウゲ科　126
ケシ／ケシ科　13
ゲッカコウ／キジカクシ科（リュウゼツラン科）　52
ゲンティアナ・アカウリス／リンドウ科　97
コウオウソウ／キク科　99
ザクロ／ミソハギ科　82
サフラン／アヤメ科　63
サラサモクレン ⇒ サラサレンゲ
サラサレンゲ／モクレン科　104
サンシキヒルガオ／ヒルガオ科　50
シクラメン／サクラソウ科　119
シボリアヤメ／アヤメ科　101
シャガ／アヤメ科　46
ジャガタラスイセン／ヒガンバナ科　16
スイートピー／マメ科　29
スイセン／ヒガンバナ科　127
スイセンアヤメ／アヤメ科　45
ストレプトカルプス・レクシイ／イワタバコ科　6
スノーフレーク／ヒガンバナ科　80
スペインアヤメ／アヤメ科　91
スミノミザクラ／バラ科　23
セイヨウスモモ／バラ科　92, 136
セイヨウナシ／バラ科　55
セイヨウハシバミ／カバノキ科　36
ダイダイ／ミカン科　120
タイリンソケイ／モクセイ科　54
ダリア／キク科　17
ダリア（黄色系栽培品種）／キク科　130
チューリップ／ユリ科　10, 125
チョウセンアサガオ／ナス科　20
チリイチゴ／バラ科　103
ツバキ／ツバキ科　127
ツバキ（'カラコ'系栽培品種）／ツバキ科　37
ツバキ（白色系栽培品種）／ツバキ科　78

ツバキ（白色八重咲系品種）／ツバキ科　33
ツバキ（八重咲系栽培品種）／ツバキ科　9
ツバメスイセン／ヒガンバナ科　7
ツルハナシノブ／ハナシノブ科　88
ティーローズ ⇒ ロサ・オドラタ
　　　　　　⇒ ロサ・オドラタ（栽培品種'スルフレア'）
テッセン／キンポウゲ科　143
テンニンギク／キク科　30
トラフユリ／アヤメ科　35
ドンベヤ・アメリエ／アオイ科（アオギリ科）　49
ニオイアラセイトウ／アブラナ科　144
ニオイムラサキ／ムラサキ科　94
ニチニチソウ／キョウチクトウ科　41
ニワシロユリ／ユリ科　15
ノウゼンハレン ⇒ キンレンカ
パッシフロラ・アラタ／トケイソウ科　40
ハナアオイ／アオイ科　58
ハナイチゲ／キンポウゲ科　107, 143
ハナワギク／キク科　131
パラダイスリリー／キジカクシ科（ユリ科）　18
ハルシャギク／キク科　111
パンジー／スミレ科　25, 67, 127
ヒゲキキョウ／キキョウ科　106
ヒバーティア・スカンデンス／ビワモドキ科　77
ヒメノウゼンカズラ／ノウゼンカズラ科　140
ヒヤシンス／キジカクシ科（ユリ科）　11, 89, 100
ヒロハノレンリソウ／マメ科　98
フィモシア・ウンベラタ／アオイ科　93
フクシア・マジェラニカ／アカバナ科　27
フサザキスイセン／ヒガンバナ科　5
フサスグリ／スグリ科　3
ブドウ／ブドウ科　32
プラティロビウム・フォルモスム／マメ科　105
プリムラ・オーリキュラ ⇒ プリムラ・プベスケンス
プリムラ・プベスケンス／サクラソウ科　83, 139
フレンチ・マリーゴールド ⇒ コウオウソウ
ベニバナダイコンソウ／バラ科　64
ペラルゴニウム・ダヴェイアヌム／フウロソウ科　53
ヘリプテルム・イキシミウム／キク科　47
ホザキノトケイソウ／トケイソウ科　142
ホソバシャクヤク／ボタン科　134
ボタン／ボタン科　22, 39

ボタンイチゲ ⇒ ハナイチゲ
ボタンバラ ⇒ ロサ・オドラタ
　　　　　⇒ ロサ・オドラタ（栽培品種'スルフレア'）
ホンアマリリス／ヒガンバナ科　61
ホンコンドウダンツツジ／ツツジ科　56
マルバアサガオ／ヒルガオ科　118
マンジュギク ⇒ コウオウソウ
ミムルス・グッタトゥス／ハエドクソウ科（ゴマノハグサ科）　69
ムクゲ／アオイ科　31
ムラサキギボウシ／キジカクシ科（ユリ科）　73
ムラサキセンダイハギ／マメ科　34
メコノプシス・カンブリカ／ケシ科　68
モスローズ ⇒ ロサ・ケンティフォリア（栽培品種'ムスコーサ'）
モッコウバラ／バラ科　116
モモ／バラ科　43
モモ（ネクタリン系統の栽培品種）／バラ科　28
モラエア・トリクスピダタ／アヤメ科　72
ユリノキ／モクレン科　84
ヨウラクユリ／ユリ科　59
ヨウラクユリ（変種ルテア）／ユリ科　2
ライラック／モクセイ科　109
ラズベリー／バラ科　110
リンゴ／バラ科　24, 138
ルリスイレン／スイレン科　70
ルリヒツジグサ ⇒ ルリスイレン
ルリマツリ／イソマツ科　14
ロサ・'アデレイド・ドルレアン'／バラ科　48
ロサ・'テ・ヒメネ'／バラ科　71
ロサ・オドラタ／バラ科　122, 141
ロサ・オドラタ（栽培品種'スルフレア'）／バラ科　81, 141
ロサ・ガリカ（栽培品種'ダッチェス・ドルレアンス'）／バラ科　129
ロサ・ケンティフォリア／バラ科　65, 79, 137, 143
ロサ・ケンティフォリア（栽培品種'ドゥ・モー'）／バラ科　90
ロサ・ケンティフォリア（栽培品種'フォリアケア'）／バラ科　132
ロサ・ケンティフォリア（栽培品種'ブラタ'）／バラ科　102
ロサ・ケンティフォリア（栽培品種'ムスコーサ'）／バラ科　87
ロサ・ヘミスフェリカ／バラ科　62
ロサ・リウェルサ／バラ科　128
ロニケラ・カプリフォリウム／スイカズラ科　123
ワスレナグサ／ムラサキ科　112
ワトソニア・メリアナ／アヤメ科　60

美花選　Choix des Plus Belles Fleurs

2010年7月30日　初版発行

画　　ピエール=ジョゼフ・ルドゥーテ
装　幀　grass design
発行者　若森繁男
発行所　株式会社 河出書房新社
　　　　〒151-0051　東京都渋谷区千駄ヶ谷2-32-2
　　　　電話　03-3404-8611（編集）
　　　　　　　03-3404-1201（営業）
　　　　http://www.kawade.co.jp/
印　刷　大日本印刷株式会社
製　本　大口製本印刷株式会社

Printed in Japan
ISBN978-4-309-25531-6
定価 本体14000円［税別］
落丁・乱丁本はお取り替えいたします。
本書の無断転載（コピー）は著作権法上での例外をのぞき、禁止されています。